图书在版编目（CIP）数据

服饰的秘密 / 史晓雷主编 ; 唐靖著 ; 毕贤昊绘. —
北京 ：北京出版社，2022.4
　（时间里的中国）
　ISBN 978-7-200-17062-7

　Ⅰ．①服… Ⅱ．①史… ②唐… ③毕… Ⅲ. ①服饰—
历史—中国—少儿读物 Ⅳ. ①TS941.742-49

　中国版本图书馆CIP数据核字(2022)第040431号

总 策 划：黄雯雯
责任编辑：张亚娟
封面设计：侯 凯
内文设计：魏建欣
责任印制：武绽蕾

时间里的中国

服饰的秘密
FUSHI DE MIMI

史晓雷 主编 唐靖 著 毕贤昊 绘
*
北 京 出 版 集 团
北 京 出 版 社 出版
（北京北三环中路 6 号）
邮政编码：100120

网 址：www.bph.com.cn

北 京 出 版 集 团 总 发 行
新 华 书 店 经 销
河北环京美印刷有限公司印刷
*
889 毫米 ×1194 毫米 12 开本 4 印张 30 千字
2022 年 4 月第 1 版 2022 年 4 月第 1 次印刷
ISBN 978-7-200-17062-7
定价：69.00 元
如有印装质量问题，由本社负责调换
质量监督电话：010-58572393

时间里的中国

服饰的秘密

史晓雷 主编

唐靖 著 毕贤昊 绘

北京出版集团

北京出版社

序　言

　　我们每个人的一生都在时间里度过。时间在悄无声息地流逝着，无论你是否意识到它的存在。对一个国家而言，流淌的时间积淀下来便汇成文明。

　　我们中国是举世闻名的四大文明古国之一，她拥有灿烂辉煌的历史与文明，养育了勤劳智慧的中华民族，生生不息，延续至今。

　　现在，我们将驾驶四叶小舟，它们分别是"服饰的秘密""民以食为天""房屋的建造""为了去远方"，乘着它们，沿着历史长河的脉络，从源头一直驶向现代文明，这样可以一览河流两岸旖旎的水光山色。

　　"服饰的秘密"小舟带我们瞥见远古时期山顶洞人的骨针与串饰，在马王堆汉墓薄如蝉翼的素纱禅（dān）衣前留下惊叹；品鉴华贵艳丽的盛唐女装，在《清明上河图》的贩夫走卒中流连。

　　"民以食为天"小舟带我们穿梭在纵横交错的饮食文化中：五谷的栽培与驯化，食材的引进与栽种，"南米北面"风俗的由来，喝酒与饮茶之风的形成，如此等等，不啻（chì）一趟舌尖上的中国之行。

　　"房屋的建造"小舟带我们徜徉在曾经的栖居之地，从穴居部落到宫殿城墙，从秦砖汉瓦到寺庙桥梁，从徽派民居到陕北窑洞，从巍巍长城到大厦皇皇。一定让你大饱眼福，心旷神怡！

　　"为了去远方"小舟带我们参观另一番景象，从轮子的使用到车马奔驰在秦驰道上，从跨湖桥约 8000 年前的独木舟到明代郑和下西洋的庞大船队，从丝绸之路到京杭大运河，从指南针到北斗导航，高铁如风驰电掣，"天问一号"探测器在火星工作一切正常。

　　在旅途中掬几朵历史的浪花吧，它们是我们祖先智慧的结晶。透过这些浪花，我们会窥见一个陌生、神奇而又熟悉的世界。时间塑造了这个世界，她见证了中华民族的过去，彰显了历史的智慧，昭示了光明的未来。驾上小舟，出发吧！

湖南农业大学通识教育中心副主任、科技史博士　史晓雷

现在，让我们一起踏上"时间里的中国"的第一站——衣。

我们常说"衣食住行"，"衣"排在第一位。因为穿衣不仅是为了保暖防晒、遮体避羞等，还具有装饰身体、美化生活，彰显身份地位、民族信仰等作用。因此，服饰成为民族历史文化的重要载体之一。

中国素有"衣冠王国"之称，在中华文明悠悠五千年的历史中，祖先们创造了无数精美的服饰。为什么唐代服饰大胆华丽，而宋代服饰却简朴保守呢？为什么明朝平民女子出嫁时也能用凤冠霞帔来装扮？推开祖先的衣橱，看看里面究竟藏着多少奥秘。

中国最早的连衣裙是什么？
衣裳衣裳，为何分为上衣下裳？
秦朝兵马俑竟然是五彩斑斓的？
衣服的原料有哪些？
古人怎么给衣服染色？
古代小朋友穿什么？
……

接下来，请翻开这本书，去看看生动的中国服饰演变史吧！

夏披树叶冬穿皮

在很久很久以前，人类身上长着浓密的体毛，就像我们今天看到的猿猴一样。后来，当人类学会直立行走，能用火烤食物和取暖时，体毛逐渐退化。人们在夏天用树叶护体，冬天则用兽皮保暖。兽皮不光可以保暖，还能起到掩护的作用，当穿着兽皮的人类悄悄围住猎物时，猎物早就逃不掉了。

冬季兽皮衣

夏季树叶衣

❖ 山顶洞人

生活在中国华北地区旧石器时代晚期，距今约3万年。

嗯，这块鹿皮不错。

❖ 骨针

我国最早的缝纫工具，长约82毫米，粗约3毫米，通体磨光，针孔窄小，针头尖锐。

今天的收获有点少啊！

这串石珠好漂亮！

❖ 骨管

用鸟骨做成的装饰品，管体光滑。

❖ 串饰

把石头等磨成珠子穿在一起，类似于今天的项链。

约3万年前，周口店龙骨山顶部的洞穴里生活着山顶洞人。直到1930年，考古学家才在这里发现了他们的遗骸，还发现了可用来缝兽皮的骨针，由兽牙、骨管、石珠等做成的串饰。

5

当人们开始织衣服

然而，树叶和兽皮不能满足古人的穿衣需求。新石器时代，人们用麻类植物纺线，织成麻布，做衣服穿。虽然很粗糙，但可比过去的"衣服"好多啦！慢慢地，人们发现用水浸泡过的麻更坚韧，还发明了能用来纺捻纱线的纺轮，这种工具提高了织布的效率。在几乎所有新石器时代的遗址中，都有纺轮出土。

❖ 葛

除了麻，葛也是人类最早的纺织原料。葛是一种多年生藤本植物，外皮纤维可用来织布、造纸，块茎可以食用。

❖ 沤麻

把麻放在水里浸泡，使其软化。

还是麻布衣服穿着舒服。

❖ 腰机

最早的一种织布工具，通过系在腰上的卷布轴与脚踩的经轴把经线撑开，利用分经棍形成开口，用骨针引线穿纬，然后用纬刀打紧。

❖ 亚麻

一种一年生草本植物，可分为纤维用亚麻、油用亚麻、油纤兼用亚麻，亚麻起源于近东、地中海沿岸，纤维亚麻直到20世纪才引入我国。

新石器时代，随着人们生产工具的能力进一步提高，人们的装饰品也更加丰富，有环、珠、管、坠、笄等，多是用石、玉、陶、骨、角、牙等较耐久的材料做成的。

❖ 苎麻

一种多年生草本植物，原产于我国西南地区，其纤维坚韧、柔软，织出来的布凉爽透气，特别适合夏季穿，又被称为夏布。

❖ 割麻

把麻收割集中起来利用。

❖ 剥麻

把麻的外皮剥下来。

❖ 煮麻

用有碱性的水去煮麻的外皮，使其变得柔软。

人们也用麻绳制作渔网来捕鱼。

❖ 纺轮

远古时期的纺织工具，能将纤维拉细，材质多样，石、木、骨、陶都可以制作纺轮。

衣裳衣裳，上衣下裳

　　大约在 4000 年前，一个叫夏的王朝建立了，开创了中国近 4000 年的王位世袭之先河。夏朝的君主虽然将一切都划分等级，但人们不论尊卑，都采用上下两段的穿衣形式——上衣下裳，衣裳二字由此而来。

❖ **交领右衽**

　　这是汉服的基本特征，交领指衣服前襟左右相交，左衣襟在上，掩向右腋系带，将右衣襟掩在下方。

❖ **腰带**

　　这时还没有纽扣，一般在腰间系带，通常由丝织物或皮革制成。

哪里哪里！

你这条蔽膝真好看。

❖ **下裳**

　　古人下身所穿的衣服，类似于如今的裙子。

❖ **蔽膝**

　　围于衣服前面的大巾，用于蔽护膝盖，是从遮羞布演变而来的。

中国帝王的冠服制度，大约在周朝时初步确立。周朝通过服饰的数字、色彩、材料、款式等因素组合，来体现治国思想，把政治穿在了身上，这对后世产生了极大的影响。

《周礼》中规定了天子和贵族在各种场合穿的衣服，身份不同，穿的衣服就不同。每逢祭祀等重大场合，天子必须戴上礼冠，穿上隆重的礼服。在最隆重的场合，天子要穿绘有十二章纹的冕服，其他场合则视重要程度递减章纹。

❖ 冕服

古代男子参加祭祀等重大仪式都要穿冕服。天子所穿的冕服级别最高，主要由冕冠、上衣、下裳、蔽膝、大带、十二章纹等组成。

❖ 冕冠

帝王、王公等参加祭祀典礼时所戴的等级最高的礼冠。成语"冠冕堂皇"就由此演绎而来。

❖ 冠冕堂皇

形容表面上庄严或正大的样子（含贬义）。冠冕，古代帝王、官员戴的帽子。堂皇，很有气派。冠冕从周朝一直传到明朝，直到清朝剃发易服，才废除了冠冕服饰。

❖ 十二章纹

古代天子的冕服上会绣十二种纹样。衣上绘日、月、星辰、山、龙、华虫，称"上六章"；裳上绣宗彝（yí）、藻、火、粉米、黼（fǔ）、黻（fú），称"下六章"。

深衣：最早的连衣裙

　　春秋战国时期，人们开始将上下不相连的衣裳连在一起，这便有了中国最早的连衣裙——深衣。它穿起来可比上衣下裳方便多了，剪裁简单，穿着舒适。无论男女，不管尊卑，都可以穿深衣，它简直就是这个时期的百搭衣。深衣一直流行到东汉时期，魏晋以后，深衣被袍衫所取代，逐渐退出历史舞台。但后来的裤褶、襦裙等其实都深受深衣的影响。

　　但并非人人都穿深衣。北方少数民族就穿胡服，一般由短衣、长裤和靴组成，衣身紧窄，便于游牧与射猎。地处北方的赵国，经常受北方少数民族的侵扰。由于深衣穿着很不方便，赵国常在战场上

深衣有深意，里面藏着严格的规制。

三角形的衣襟绕到身后，紧裹身体，这是深衣留给后人最深刻的记忆。

失利。赵武灵王为加强军队的战斗力，采用胡服作为戎装。这在当时引起了大臣们的强烈反对，他们认为违背礼制，但赵武灵王坚持穿胡服，并认真讲解穿胡服的好处，最后大臣们都被他说服了。

❖ **曲裾深衣**

在深衣的基础上，前襟被接长一段，穿着时须将其绕至背后。

❖ **绕襟深衣**

在曲裾深衣基础上变化而来，即将衣襟接得极长，穿时在身上缠绕几道，花边显露在外。

❖ **早期的裤子——胫衣**

胫衣　开裆裤　满裆裤

胫衣是一种无腰无裆的裤管，穿时套在胫（小腿）上，用绳带系结，行动很不方便。赵武灵王推行胡服骑射后，将传统的胫衣改为裤裆相连的合裆裤，可以遮蔽大腿。

五彩斑斓的秦朝大军

秦始皇嬴政建立了中国历史上第一个统一的封建帝国，他进行了大量改革，不仅统一了币制、文字、度量衡，还对服饰进行了改革。秦始皇崇尚黑色，还规定其他人不能穿黑色。

嘿嘿，我们可是五彩斑斓的哦！

可不，我们才不是灰扑扑的。

1974 年，人们在秦始皇陵墓附近发现了这些被埋藏了将近 2000 年的兵马俑，它们刚出土时，色彩十分艳丽，但没多久，这些颜色就因为氧化脱落了，成了我们现在看到的灰扑扑的样子。

兵马俑身上的色彩

唇色：红色
材料：朱砂

肩甲：黑色
材料：木炭

长袍：紫色
材料：朱砂和硅酸铜钡

衣缘：蓝色
材料：蓝矿石

深红：氧化铁

内袍：白色
材料：高温煅烧所得的骨粉

绿色：孔雀矿石

头冠与裤子颜色未知

丝绸走向西方

纺织业是汉代最发达的手工业之一，普通工作坊人数在百人左右。皇帝和贵族所穿的衣服则由官营的纺织坊专门制作，一个纺织坊的人数多达上千人。汉代丝绸制品非常丰富，有锦、绣、绢、纱、绮等，五光十色，十分华美。

汉武帝派遣张骞出使西域，从而打通了著名的丝绸之路，华美的丝织品源源不断地传入西方国家，那些贵族们对丝绸十分喜爱，据说丝绸在罗马的价格曾一度超过了黄金。丝绸之路以长安（今西安）为起点，经甘肃和新疆，到中亚、西亚，连接地中海周边各国的陆上交通脉络，全长 6440 千米。

❖ **镏金铜蚕**

汉武帝为奖励百姓养蚕织丝，下令铸造镏金铜蚕以示嘉奖，铜蚕造型逼真。

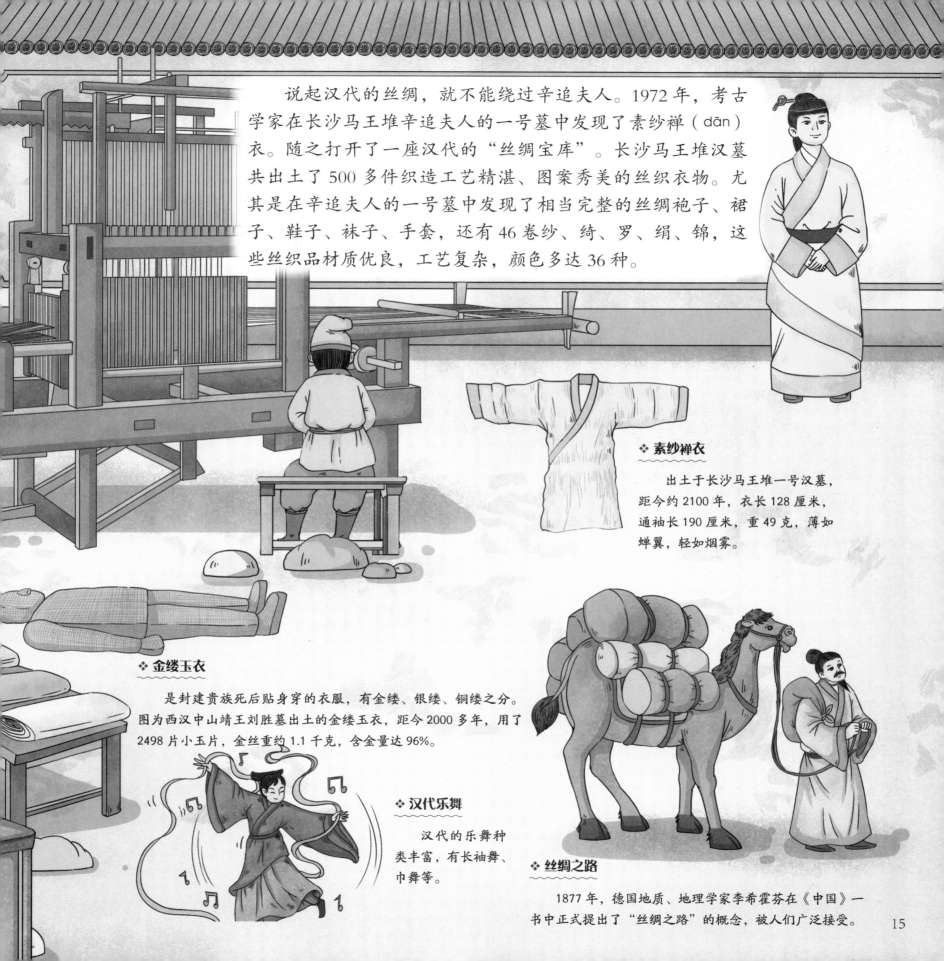

　　说起汉代的丝绸，就不能绕过辛追夫人。1972 年，考古学家在长沙马王堆辛追夫人的一号墓中发现了素纱禅（dān）衣。随之打开了一座汉代的"丝绸宝库"。长沙马王堆汉墓共出土了 500 多件织造工艺精湛、图案秀美的丝织衣物。尤其是在辛追夫人的一号墓中发现了相当完整的丝绸袍子、裙子、鞋子、袜子、手套，还有 46 卷纱、绮、罗、绢、锦，这些丝织品材质优良，工艺复杂，颜色多达 36 种。

❖ **素纱禅衣**

出土于长沙马王堆一号汉墓，距今约 2100 年，衣长 128 厘米，通袖长 190 厘米，重 49 克，薄如蝉翼，轻如烟雾。

❖ **金缕玉衣**

是封建贵族死后贴身穿的衣服，有金缕、银缕、铜缕之分。图为西汉中山靖王刘胜墓出土的金缕玉衣，距今 2000 多年，用了 2498 片小玉片，金丝重约 1.1 千克，含金量达 96%。

❖ **汉代乐舞**

汉代的乐舞种类丰富，有长袖舞、巾舞等。

❖ **丝绸之路**

1877 年，德国地质、地理学家李希霍芬在《中国》一书中正式提出了"丝绸之路"的概念，被人们广泛接受。

宽宽大大真潇洒

魏晋南北朝是中国历史上的第二次民族大融合时期。在战争中，多个民族开始大迁徙，不同民族和文化之间产生交流、碰撞，这使服饰出现了新面貌。人们开始强调自我个性解放，男子袒胸露臂，女子长裙拖地。

那些逐水草而居的游牧民族入主中原后，对汉服十分痴迷，虽然胡服方便实用，但北方来的首领却穿起了华美的汉服。对于中原地区的老百姓来说，游牧民族所穿的褶裤和裲裆既好看又实用，便逐渐接纳并吸收了他们的服饰。

❖ 裲裆

北方少数民族的铠甲，前后两片衣襟，没有袖子，后世称为背心或坎肩。

❖ 褶裤

褶是指短身大袖的袍子，裤是一种很肥大的裤子。

茶烧好啦!

好诗好诗!

哎呀,酒杯又跑了!

❖ 杂裾垂髾(shāo)服

流行于魏晋南北朝的女性服饰,因在服饰上有"纤"装饰而得名。

❖ 曲水流觞

文人雅士聚在小溪旁,酒杯顺水而下,停在谁面前,谁就饮酒作诗。

运河之畔的风情

隋文帝杨坚统一了中国，结束了长达 300 多年的分裂局面。虽然隋朝存在的时间不长，只有 38 年，但隋朝为唐朝的繁荣盛世打下了基础，结束了战乱，使经济开始复苏。隋炀帝杨广为了控制富饶的江南地区，花费大量人力、物力修建了贯通南北的大运河。春天来临时，隋炀帝会乘着船顺流而下去江南地区欣赏春天的美景。

壮哉，我大隋何其壮哉！

❖ 乌纱帽

一种用黑纱做成的帽子，原是民间常见的一种便帽，在隋朝正式成为官服的一部分，并延续了下来。后来人们把乌纱帽用作官职的代称。

❖ 大运河

中国东部平原上的伟大工程，是世界上最长、开凿最早、规模最大的运河。

半臂仙裙

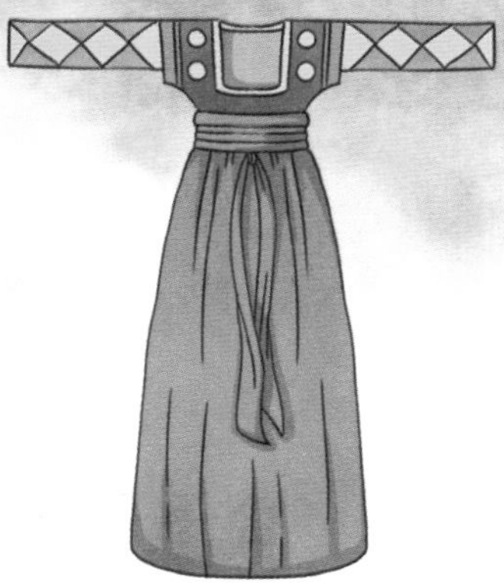

小袖衣

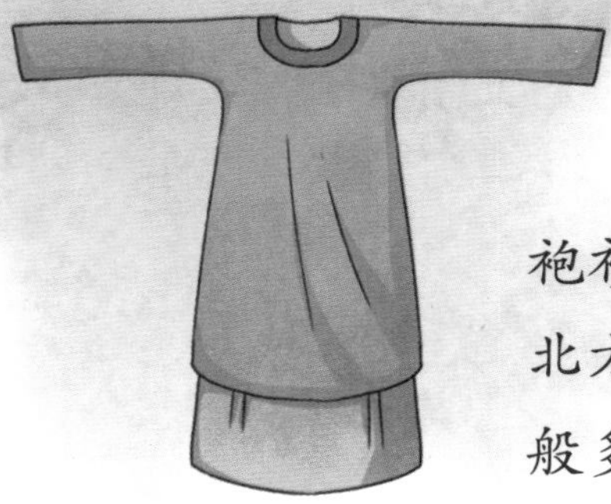

圆领袍衫

隋朝男子开始穿圆领袍衫，这种衣服明显受到北方民族服饰的影响，一般多为纯色，有暗花纹或者无花纹。

隋朝的女子喜欢穿小袖衣，贵族女子则穿大袖衣，有些贵族妇女，将披风式小袖衣加在大袖衣外，成为一种时尚。半臂仙裙也十分流行，即将短袖衣服套在长袖外面，这种高腰的裙子有 12 道褶间，又被称为 12 帔裙，下摆很大，再配上色彩斑斓的半臂，穿上它会使女子显得婀娜多姿。

哎哟，见到皇上了！

哇，那是龙船！

绮丽华美的唐装

618年，大唐王朝建立，从此中国历史上最辉煌的文明拉开了帷幕。唐朝首都长安有100多万人口，是当时世界上最大的城市，居住着从世界各地来的使节、商人、传教士、留学生，被称为"世界之都"。这时的服装有着鲜明的胡汉混合的特点。

❖ 薄罗衫子

用纱罗制成的夏衣。通常做成对襟，两袖宽博，宫娥贵妇特别爱穿，穿着后可露出肌肤的颜色。

这朵花可真漂亮。

夫人戴上可真美。

❖ 襕衫

唐朝男子都爱穿的一种服饰。这种衣服的圆领就是从胡服演变而来的，这种衣服上下连体，在下摆处加一横襕，用来象征下裳。

❖ 石榴裙

唐代女子极为青睐的一种服饰款式，其染料主要从石榴花、茜草中提取，连杨贵妃都非常爱穿，武则天还把石榴裙写入了书中。

❖ 帔帛

妇女肩上或手臂上搭着的一条长长的条带，走路时随风摆动，十分漂亮。

❖ 直袖袍衫

唐朝官吏的常服是直袖袍衫。

胡女的胡装被唐朝贵族女子竞相效仿，加上这是一个开放的时代，唐朝女子的服装没有前朝的拘谨，变得妩媚、绚丽，她们经常打扮得花枝招展。唐朝男子喜欢穿一种叫作衫的圆领衣服，再配上靴子，十分帅气。在热闹的集市上，人们常常会看到女子穿着男装策马而过。

春天真适合郊游。

❖ 缺胯衫

指开衩的袍衫，长至膝盖或脚踝，在两胯下各开一衩，方便穿着与活动，平民穿得更多些。

❖ 幞（fú）头

唐朝男子戴的一种头巾，实际上是一种用黑色纱罗制成的软胎帽。

21

从华丽到朴素

唐朝灭亡后，天下又陷入混乱。到 960 年赵匡胤建立宋朝，这中间还经历了五代，以及与中原政权并存的十国。也许是因为饱经战乱，加上受程朱理学的影响，宋朝显得比较封闭和保守，在这样的环境下，宋朝女子的服饰较为内敛、庄重和保守。宋朝文人的地位很高，他们喜欢戴巾子，人们纷纷效仿，比如东坡巾，据说就是大文豪苏东坡所戴的巾子。

说到宋代，就不得不提张择端所创作的《清明上河图》。这幅北宋风俗图是国宝级的文物，长 5 米多，画面上画有数量庞大的各色人物——有官员，有文人雅士，也有商贩和平民。这些人穿着那个时代的服装，让我们得以领略宋代的风采。

❖ 褐衣

用粗麻织成的衣服，上衣较短，穿上它适合劳作。

22

❖ 幞头

宋代文官戴的展翅幞头，翅直且细长，相传是为了避免文官在朝堂上窃窃私语。

❖ 旋裙

一种方便骑驴的裙子，因为在宋朝，骑驴还是比较普遍的，所以这种裙子前后开衩，裙上褶间相叠，越多越好。

真是太热闹了！

❖ 褙（bèi）子

宋代妇女常穿的服饰，样式以直领对襟为主，又根据袖子的长短分为无袖、短袖、长袖。最早是由主人背后的侍女穿，所以又叫"背子"。

泗畔酒家

23

从草原走向大都

北方草原上的蒙古人，靠打猎和放牧为生，骁勇善战，部落之间常常发生冲突。后来，"一代天骄"成吉思汗统一了这些部落。元至元八年（1271年），成吉思汗的孙子忽必烈在大都（今北京）称帝，建立元朝，并在8年后统一了中国，这是中国历史上第一个由少数民族统一的王朝。

❖ 罟（gǔ）罟冠

它是蒙古族典型的服饰品，是金代、元代贵族妇女所戴之冠，造型独特。

❖ 质孙服

又名"一色衣"，是元代达官贵人地位和身份的象征，上衣连着下裳，衣身紧窄，讲究衣服跟帽子的颜色搭配。

元朝很多贵族都穿质孙服。与充满民族风情的贵族服饰不同，民间汉族服饰还是保留了本民族的特点。

元朝很重视海外贸易，开放国门，很多中亚、欧洲的商人接踵而来。元至元二十四年（1287年），元大都建成，忽必烈在这里召见了从威尼斯来的马可·波罗。马可·波罗非常喜欢元朝贵族们穿的衣服。他在很多年后重返威尼斯时，就穿着类似的衣服。

❖ 织金锦

元代贵族酷爱的一种织锦，用金缕或金箔切成的金丝线织成，彰显穿衣者的财富和地位。

是的，尊敬的陛下，很高兴认识您！

你就是那个从遥远的西方来的马可·波罗吗？

你的蒙古语说得不错！

25

最美的新娘在这里

　　明朝服饰制度的烦琐超越了历代王朝。明初，开国皇帝朱元璋就在《大明律》中明确了各阶级服饰的规格要求。比如，凤冠霞帔作为宫廷妇女等级符号的代表，民间妇女是不能穿戴的。但在很多人的印象里，古代新娘子出嫁时穿戴凤冠霞帔，恰恰就发生在明朝。这是为什么呢？

　　这里有一个动人的故事。传说南宋康王赵构在躲避金兵的追击时被一个村姑所救，康王十分感激，允诺日后要来迎接村姑进宫享受荣华富贵。当康王重归金殿，下旨前来迎接村姑进宫时，这位村姑却拒绝了。为表谢意，康王下令她出嫁时可以享受凤冠霞帔的尊贵待遇。

❖ **瓜皮帽**

　　明太祖朱元璋亲自制定的一种帽子，设计之初，它由六片黑色绒或缎组成，呈半球形，有四海升平、天下归一的寓意。

❖ **马面裙**

　　又称马面褶裙，就像今天人们穿的百褶裙，它由宋朝的旋裙发展而来，在裙子两侧打上褶，中间留着一段光面。

后来人们纷纷效仿，不过材质和贵族所用的有着天壤之别。"真红对襟大袖衫＋凤冠霞帔"的婚礼装束在明朝民间非常流行。可以说，明朝婚礼服饰堪称古代婚服的典范。

销金盖头

绣团花

团花霞帔

❖ 水田衣

明清时妇女的一种服饰，用各色零碎织锦料拼在一起缝制而成，整件服装织料色彩相互交织，就像水田一样。

一些大户人家为了做一件好的水田衣，甚至会裁破一件完整的锦缎衣裳，从而得到一小块布料。

武将的补子用猛兽，根据官位等级不同，补子的图案也有差别。

月圆花好

呈祥龙凤

新郎新娘来啦！

那位妇人穿的水田衣好漂亮啊！

哪有新娘子漂亮！

补子又称胸背或官补，是明清时期在官服胸前或后背上织缀的一块圆形或方形织物。文官的补子图案用飞禽。

快准备抢喜糖！

剃头发，穿旗服

李自成率起义军推翻明朝，1644年驻守山海关的明将吴三桂降清，多尔衮率领清兵入关，建立了清王朝。作为马背上的民族，他们极力推崇本民族的服饰，要求男子剃掉很多头发，还命令人们都换上满族服饰，否则会被严惩。由于遭到老百姓的强烈反抗，清廷不得不做出一些妥协。虽然很多人都换上了满族的服饰，但在一些特殊场合，女人、孩童还可以穿汉族服饰。

❖ 凉帽

用玉草、竹丝等编织而成的圆锥形笠帽，由于男子前额头发被剃掉，有防晒、防风沙的功能。

❖ 金钱鼠尾辫

清朝发式，把四周头发全剃光，只在头顶中心处留金钱般大小的一小撮头发，编成细细的发辫，垂下来形如鼠尾，发辫能穿过铜钱的方孔才算合格，是为"金钱鼠尾"辫。剃发引起了人们的强烈反抗。

在清朝，有种奖赏叫"赏黄马褂"，有种惩罚叫"夺黄马褂"。

因为黄色象征皇权，黄马褂是一种荣誉的象征。皇帝信任的大臣和御前侍卫能得到赏赐的黄马褂。

哇，皇上真厉害！

"两把头"又叫"一字头"，是满族妇女的独特发式，把头发在头顶梳好后，用一支大簪子固定住，这种大簪子叫"扁方"。

❖ 大拉翅

由"两把头"发展而来，据说是由慈禧太后发明的，看起来很高大，晚清时期，大拉翅成为女子出行的必备装束。

❖ 旗鞋

又称花盆底鞋，高达十几厘米，是古代的高跟鞋，女子穿上后显得婀娜多姿。

慢慢地，汉文化对清朝服饰产生了越来越深的影响，旗装逐渐吸收了汉服的元素。清朝男子的服装以袍子和马褂为主，而且把袍子穿在里面，把马褂穿在外面。清朝的满族女子常穿长袍，包括氅（chǎng）衣和衬衣，还有配套的发式和鞋子；汉族女子特别是南方女子则沿用明朝的服饰，穿百褶裙、月华裙。

剪辫子，换新衣

1912 年，清朝灭亡，进入了民国时期。民国虽然只有短短三十几年时间，但在这个传统与现代、西方与东方不断碰撞、交融的年代，人们的审美心理和趣味发生了巨大变化。人们剪辫子、废缠足、换新衣，服饰呈现出中西合璧的特点，无论什么样的款式，都有人穿。

❖ 旗袍

原是满族妇女的袍子。后来经过不断改良，逐渐变得很时尚，成了国家礼服之一。

❖ 礼帽
❖ 墨镜
❖ 西装
❖ 文明棍

❖ 袄裙

这是流传下来的传统服饰，袄是上衣，下穿裙子。这种服饰最开始是女学生穿，后来很多知识女性也爱穿。

胡蝶穿的那件衣服太美了！

民国时期的上海，大街上有穿长袍马褂的教授，有穿西装的归国留学生，有穿中山装的公务员，有穿祆裙的女人。不同样式的旗袍也随处可见。也许，你还能碰到穿着时尚的外国人，甚至赶上一场穿婚纱的西式婚礼！

样式多变的旗袍

❖ **中山装**

相传是孙中山先生设计的，是中西文化融合变化的典型代表，当时的政府还规定公务员必须穿中山装。

❖ **翻领**

寓意严于律己、严谨治国。

❖ **对襟**

蕴含中国文化稳实中正。

❖ **笔架式袋盖**

尊重知识分子。

❖ **五粒扣**

寓意民族共和，五权分立体制。

❖ **四个口袋**

寓意礼义廉耻及士农工商职业平等。

❖ **袖口三粒扣**

寓意"三民主义"。

上海洋行

号昌义

楼意得

楼意得

花上海

还是海派旗袍洋气！

唉，世风日下，大家都穿的什么呀！

今天的我们怎么穿

如今，人们对服装有了更多选择。走在街上，你会发现有穿休闲装的，有穿职业装的，有穿牛仔服的，有穿丝织品的，有穿棉麻衣服的……不同行业还有相应的制服，比如军服、警服、医生和护士穿的白大褂、学生的校服等。影视明星、时尚达人更是穿得花样百出。而在重大的国际活动中，一些中国传统服饰也引起了世人的注目。

真是二八月，乱穿衣呀！

我还穿着羽绒服呢，年轻人是真不怕冷！

❖ 牛仔服

　　起源于美国，在中国已经流行了三四十年了，款式也越来越多，尤其深受年轻人喜爱。

瞧，这是北京著名的玉渊潭公园，每当春天来临，樱花盛开，柳条吐绿，加上那一潭碧水，美不胜收，总能吸引很多游客。仔细看看，人群中不仅有穿着普通春衫或者羽绒服、羊毛大衣的游客，还有很多穿着汉服的女子，甚至还有人穿模仿动漫人物的服装呢！

看，好漂亮的汉服！

❖ 职业装

　　最常见的职业装以西装为主，男性和女性所穿的西装会有一些区别。

❖ 中国风礼服

　　现在，中国传统元素在服饰设计中被频繁运用，尤其是在一些国际性活动中，如参加国际电影节的著名演员就经常穿着带有中国传统元素的服饰。

古代小朋友穿什么

小朋友，打开你的衣柜，你会发现有很多漂亮的衣服。古代的小朋友都穿什么衣服呢？虽然每个时期的成人服饰对儿童的穿着影响很大，但古人在为小朋友做衣服时，也会根据小朋友的身心特点进行调整，让小朋友穿得更舒服。相比成人服饰，儿童服装的配饰和装饰更加丰富。

❖ 百衲衣

为了保佑小朋友能健康成长，古代的家长会向很多人家讨要零碎布头，据说数量达 100 块，再把它们缝成衣服给小朋友穿。

❖ 虎头帽

古代小朋友常戴的一种帽子，很像老虎的脑袋，所以叫虎头帽。人们希望威猛的老虎能保护小朋友健康成长，也寄托着美好的愿望。配套的还有虎头鞋、虎围嘴、虎面肚兜。

❖ 肚兜

古代又叫"袜腹"，通常是用颜色鲜艳的柔软布料缝制的，只有前片，没有后片，穿肚兜能够使腹部保暖。

❖ 长命锁

古代，小朋友出生后不久，长辈便会在他们的脖子上挂上这种像锁一样的装饰品，一般是用金银或玉制作而成的，寄托着家长希望小朋友能健康成长的美好愿望。

❖ 围涎

古代小朋友使用较早的一款装饰物，既实用也美观，能防止小朋友流口水或吃饭时弄脏衣服。人们会做成很多样式，特别精美。

❖ 风帽

又称兜风帽、观音兜，汉代时出现，这种帽子的外形与观音菩萨头上所披戴的形式相似。成年人也会用这种帽子。

❖ 马甲

又叫背心或坎肩，大概起源于西晋，代代相传。马甲的颜色一般鲜艳明亮，上面的花纹也有很多吉祥寓意。

我的风筝飞得好高呀！

我好热呀，想脱衣服。

❖ 披风

披风又叫斗篷，用布料做成，形制与蓑衣类似。

❖ 背带裤与背带裙

这种服饰主要流行于唐朝，受了"胡服"的影响，有点胡服的特色。在唐朝流传下来的画上，小朋友穿着条纹背带裤，十分时尚。小女孩穿的背带裙，看起来有点像围裙。

35

制作衣服的原料

最初，我们的祖先用树叶和动物的毛皮做衣服。当人们学会缝制衣服时，最早穿上的真正衣服就是皮衣。后来，祖先们逐渐学会了把麻类植物的表皮制成麻线，织成麻布。当蚕吐丝的秘密被发现后，人们用蚕丝织成丝绸，做成衣服穿。柔软无比的丝绸让人们爱不释手，汉代沿着丝绸之路远销海外。当棉花传入中国后，因为其良好的保暖性和透气性，逐渐成为人们的宠儿……

❖ 丝绸

在几千年前，人们把蚕茧煮熟，吃里面的蚕蛹，无意中发现蚕茧能抽出连绵不断的柔软丝线，用这种丝线织布做成的衣服更柔软、舒服。

这块兽皮很不错！

❖ 麻布（葛布）

6000多年前，人们在不经意间发现从麻、葛这类植物中可以抽出坚韧的纤维，把它们搓成线后，可以织成麻布，缝制成衣服，轻薄透气。

还是麻布透气舒服。

棉花真是好东西，今年冬天可以盖棉被了！

丝绸真舒服，可惜我们穿不起。

❖ 棉花

棉花在宋朝时传到中国，一开始人们把它当作观赏植物，直到发明了去除棉籽和弹棉的工具，它才被人们重视起来。人们用柔软的棉花织出了便宜、舒适的棉布，改善了普通人的穿衣舒适度。

如今，即便有了更多人工制造的衣物原料和化纤面料，人们主要的衣物原料仍是皮、毛、麻、丝、棉。

❖ 毛

人们很早就用羊毛之类的动物毛来制作衣服保暖，100多年前随着西方技术的传入，毛线变得很受欢迎，人们用毛线织成的毛衣，非常暖和。

你知道吗？我们的生活已经离不开化纤面料了。

❖ 涤纶

随着科技的发展，人们逐渐发明并利用许多化纤面料来做衣服，比如涤纶面料，这种发明于1941年的合成面料，抗皱性和保形性都很好。

古人怎么染出花衣裳

为了把单调的衣服变得五颜六色，我们的祖先下了很多功夫。在漫长的岁月中，聪明的古人既用植物染色，也用矿物和动物染色……祖先的花衣裳到底用什么染成的呢？我们一起来瞧瞧吧！

❖ 红花

一年生草本植物，用红花所染的红色更为鲜艳，更接近人们所说的"中国红"，古人也称其为"真红"。

❖ 茜草

历史悠久的植物染料，可用来染红色，在出土的大量丝织品文物中，茜草染色占了相当大的比重。

❖ 朱砂

又名丹砂，是古代重要的红色矿物颜料。

❖ 马蓝

又名板蓝，多年生草本植物，从它的叶子中可以提取蓝靛染料。

这次红色染得好，真鲜艳！

❖ 薯莨

多年生藤本植物，其块茎是优良的红褐色染料，被誉为"软黄金"的丝绸制品香云纱就是用薯莨染成的。

❖ 蓼蓝

一年生草本植物，喜欢温暖湿润的气候，其叶子是天然植物蓝色染料的原材料，蓼蓝也是常用的药用植物。

❖ 胭脂虫

这种昆虫生活在仙人掌上，将其碾碎后能提取出天然红色。

❖ 冻绿

落叶小乔木，具有观赏性，可用来染绿色。

❖ 墨鱼汁

乌贼或鱿鱼的墨囊中的墨汁，能染出天然黑色。

❖ 五倍子

落叶小乔木，是一种中药材和黑色染料。

❖ 紫草

多年生草本植物，外表暗紫色，是一种名贵的中草药和紫色染料。

❖ 紫胶虫

这种昆虫能分泌一种纯天然树脂——紫胶，可用来染紫色。

❖ 胡粉

一种白色颜料，历代妇女常用它来敷面化妆或彩绘衣服。

❖ 白云母

磨成极细的粉末后，能很好地黏附在衣服上，是一种白色颜料。

可惜黄色染得不够。

❖ 赤铁矿

分布广泛，是我国古代应用最早的一种红色矿物颜料。

❖ 栀子

木本植物，果实可用来染黄色。

❖ 姜黄

多年生草本植物，其块茎能提取黄色染料，同时也是中药材。

39

一起来找碴（chá）

数千年的华夏衣冠，沉淀出繁复美丽的万种风情。汉服的端庄大气、唐装的开放多元、宋明服饰的儒雅风流……服饰，就是穿在身上的历史，不同服饰中蕴含着万千气象。快用你的"火眼金睛"，来鉴别下列造型是否存在问题。

1. 汉服应该右衽还是左衽呢？（答案：右衽）

2. 兵马俑是灰色的还是彩色的呢？（答案：彩色的）

3. 下面两款深衣对不对呢？（答案：都穿错了）

4. 下面哪个女子可能是杨贵妃呢？（答案：左起第二位）

5. 下面这两位官员分别是哪个朝代的呢？

（答案：唐朝、宋朝）

6. 谁的清宫戏造型是对的呢？

（答案：右边这位）

哎，你的发型不对吧？

呵呵，你的好像错了哟！